El propósito de la investigación

DR. JOSÉ SUPO

Médico Bioestadístico

www.bioestadistico.com

El propósito de la investigación – De la idea de investigación al diseño del estudio

Primera edición: Enero del 2014

Editado e Impreso por BIOESTADISTICO EIRL
Av. Los Alpes 818. Jorge Chávez, Paucarpata, Arequipa, Perú.

Hecho el depósito legal en la Biblioteca Nacional del Perú.

N ° 2014-00203

ISBN: 1494301261
ISBN-13: 978-1494301262

DEDICATORIA

A los investigadores, que aportan al conocimiento y a la construcción del método investigativo...

A los que pretenden con la ciencia mejorar el mundo.

CONTENIDO

Pregunta 1

¿Cómo elegir el tema de mi tesis?

Esta es la pregunta que me realizan con mayor frecuencia los alumnos de pre y post grado al culminar su período de estudios. Para quienes contamos con una línea de investigación, generar ideas o temas de investigación es de todos los días porque siempre queremos aportar algo nuevo a este camino que hemos escogido y que construimos para tratar de solucionar un determinado problema.

Pero para quienes desarrollan una investigación tipo tesis y que, quizás, sea su primer encuentro con la investigación, elegir el tema de tesis puede resultar angustiante; por esta razón, voy a compartir tres casos en el que analizaremos cómo es que se eligió el tema de tesis.

Marco es un amigo que terminó los estudios de medicina hace ya algunos años, y está preocupado por una condición que afecta a casi todo el mundo hoy en día: el sobrepeso. Y por ello, se ha dedicado en los últimos años a desarrollar un procedimiento denominado hidrolipoclasia ultrasónica.

Debido a esto, muchas personas lo buscan todos los días, básicamente por dos situaciones: la primera es que quieren reducir su peso y, así, evitar todos los problemas cardiovasculares que se podrían generar en esta condición; y la segunda es por una cuestión estética, el sobrepeso puede generar insatisfacción corporal y con ello alterar la salud general de las personas.

Marco está preocupado porque en los últimos años se ha dedicado exclusivamente a ayudar a las personas con sobrepeso a lograr objetivos muy concretos y, por esta razón, es que se anima luego de algunos años a desarrollar su trabajo de tesis.

Marco me pregunta cuál es la idea de investigación que le puedo sugerir, porque se siente encerrado en esta actividad que realiza todos los días y que le consume todo su tiempo.

Él argumenta que con la disponibilidad de tiempo que hoy presenta no va a poder desarrollar su trabajo de tesis como lo hacen la mayoría de sus compañeros que terminaron junto con él la carrera de Medicina, no va a poder acudir a los hospitales en búsqueda de las historias clínicas como lo han hecho sus compañeros.

Tampoco va a poder realizar encuestas a los pacientes que acuden a los centros de salud como lo hicieron algunos otros y mucho menos va a poder realizar visitas domiciliarias a los pacientes que aquejan algún tipo de enfermedad conocida.

Marco se siente angustiado porque, hasta ahora, no ha podido sacarse un tiempo para generar un tema de tesis. Sin embargo, el tema para sus tesis ha estado en sus manos todo el tiempo, porque al desarrollar un procedimiento sobre un grupo de pacientes ya está desarrollando investigación aplicada.

Lo que sucede es que aún no se ha dado cuenta de que la hidrolipoclasia ultrasónica, que realiza todos los días, es el tema de su tesis: nadie más como Marco conoce a la perfección el desarrollo de este procedimiento, nadie más como él ha desarrollado cuatrocientos procedimientos en los últimos años, ni nadie como él ha visto tantos pacientes lograr los objetivos deseados.

Marco es de los pocos expertos que he visto lograr que la mayor proporción de sus pacientes, efectivamente, reduzcan su peso de una manera significativa.

Por lo tanto, Marco no tiene que ir a los hospitales en búsqueda de historias clínicas, tampoco tiene que realizar encuestas a los pacientes que acuden a los centros de salud, ni mucho menos tiene que realizar las visitas domiciliarias como sí lo están haciendo algunos de sus compañeros.

Lo que Marco tiene que hacer es buscar la forma de ayudar a sus pacientes con mayor eficiencia, porque, si bien, es cierto que la mayoría de sus pacientes logran una importante reducción de su peso, no todos logran este objetivo.

¿Qué está sucediendo con esos pacientes a quienes Marco les aplica la hidrolipoclasia ultrasónica y no logran reducir su peso en la magnitud deseada? ¿Será que no están cumpliendo con las indicaciones complementarias de hacer ejercicios y seguir una dieta nutritiva, pero no hipercalórica que Marco les ha indicado? O ¿será que sus pacientes además de sobrepeso tendrán algún problema hormonal que es la causa de su desequilibrio energético?

A Marco le gustaría lograr que el 100% de sus pacientes tengan un efecto benéfico luego del procedimiento aplicado durante un periodo razonable de tiempo; en otras palabras, a él le gustaría incrementar la eficiencia de su procedimiento, pero ¿en cuánto debería incrementarla? ¿En un 5 %? ¿Quizás, en un 10%? Sabiendo que nunca vamos a lograr el 100%, porque esa perfección no existe.

Lo que Marco necesita saber es cuál es la eficiencia del procedimiento que desarrolla todos los días sobre los pacientes que acuden a él. Ese es el tema de su tesis.

En otra ocasión me encontré con mi amigo Víctor. Él es médico radiólogo y tiene un Centro de Diagnóstico por Imágenes en el cual brinda el servicio de resonancia magnética.

Víctor es muy hábil para realizar alianzas estratégicas y tiene convenios con casi todas las instituciones de la ciudad. Además, gracias a las estrategias de marketing que utiliza, la mayoría de las personas que requiere de este examen imagenológico acude a su institución.

Víctor está preocupado porque necesita un tema de tesis para graduarse en una de las maestrías que acaba de terminar, y como casi siempre ocurre, él no podrá desarrollar una idea de investigación similar a la que sus colegas están desarrollando.

Sin embargo, se ha dado cuenta que a nivel local tiene la mayor colección de diagnósticos por resonancia magnética; y por eso, me pregunta qué provecho le podemos sacar a toda esta información.

Lo que Víctor necesita hacer es identificar cuáles son los diagnósticos más frecuentes encontrados por este método imagenológico, y con ello, podremos identificar el perfil de la morbilidad general de la población que se pueda identificar con este método diagnóstico.

Adicionalmente, Víctor podría caracterizar a sus pacientes en torno a la edad, el sexo, el perfil socioeconómico y una serie de características que, además, le servirían para identificar al público al cual ofrece sus servicios, y de esta manera, rentabilizar mucho más su negocio.

Por esta razón, el tema de tesis que él debe elegir es el perfil epidemiológico de los pacientes que demandan el servicio de resonancia magnética.

Y finalmente, tenemos a Norma. Ella acaba de terminar la carrera de Odontología y me indica que no puede encontrar un tema de tesis que desarrollar con sus pacientes porque estos nunca regresan a los controles que ella les indica, y por ello, con los datos que cuenta no puede desarrollar ningún trabajo de investigación.

Norma tiene un problema y necesita resolver esta situación para desarrollar su trabajo, pero ¿qué tal si su problema se convierte en su tema que tesis? ¿Cuáles serán las causas por las que los pacientes no son adherentes al tratamiento y las razones por las que nos regresan a los controles que se les indica? Ese es, precisamente, su tema de tesis.

Pregunta 2

¿Qué se necesita para hacer investigación?

La respuesta es muy simple: se necesita motivación personal. Como para hacer cualquier actividad, aquello que no nos motiva simplemente no lo terminamos. O en el caso en que lo terminemos, no lo vamos a realizar con la misma eficiencia que aquellas actividades para las cuales sí tenemos motivación personal.

Recordemos a nuestro amigo Marco. Él desarrolla el procedimiento de la hidrolipoclasia ultrasónica todos los días; y como profesional que es, se preocupa porque la mayoría, si no son todos sus pacientes, logren el objetivo propuesto que es reducir el peso, reducir el índice de grasa, evitar los riesgos cardiovasculares y, por supuesto, también sentirse bien con la figura que han logrado.

Su motivación personal es ayudar a sus pacientes. Él ha identificado una necesidad en su población, ha identificado un problema en las personas que acuden a él y desean solucionarlo. Y como todo profesional querría que su trabajo sea el más eficiente. Adicionalmente a ello, Marco recolecta información de todos los pacientes que ha tratado, no solamente en un documento al que llamamos historia clínica, sino que ha consignado una serie de datos adicionales que podrían ser útiles para realizar un seguimiento más pormenorizado.

Por esta razón, cuando Marco intentaba desarrollar un trabajo de investigación en un hospital, como lo hacen sus compañeros, en los centros de salud, como lo hacen otros o quizás realizando visitas domiciliarias, nunca tendrá éxito porque él, realmente, no está interesado en los pacientes que van al hospital, tampoco está interesado en los pacientes que acuden al centro de salud ni mucho menos en realizar visitas domiciliarias. Su verdadero interés está enfocado en sus pacientes, en las personas que atiende todos los días, y esto lo ha motivado a realizar capacitaciones en distintos países en los últimos años en los que viene desarrollando este procedimiento.

Su motivación personal es ayudar a sus pacientes con sobrepeso y debe compartirla con su trabajo de investigación. Él jamás abandonará la idea de seguir ayudando a sus pacientes, por esta razón, realizar un trabajo de investigación con ellos es lo más óptimo.

Cuando Marco encuentre la forma de hacer más eficiente sus procedimientos, habrá logrado satisfacer las necesidades de una proporción mayor de sus pacientes y esta es la razón por la que Marco necesita hacer investigación.

En este sentido, su trabajo de tesis no será más que el punto de partida de una larga línea de investigación que a partir de hoy Marco acaba de definir.

Mientras tanto, nuestro amigo Víctor, el médico radiólogo, se enrumba en búsqueda de la información que será necesaria para el desarrollo de su trabajo de investigación, en función a las resonancias magnéticas que ha desarrollado. Sin embargo, me comenta que no hay mucha información acerca de los pacientes porque no cuenta con la historia clínica.

Habitualmente los pacientes son tratados en las diferentes instituciones de salud y son referidas a su servicio únicamente para desarrollar el diagnóstico por imágenes. De modo que además de la variable edad, sexo y la institución de la cual proceden, no cuenta con gran información acerca de sus pacientes.

Víctor tiene alianzas estratégicas con la mayoría de las instituciones de salud a nivel local, por lo que recibe pacientes del Ministerio de Salud, institución encargada de velar por la salud de la población en general; también recibe pacientes de Essalud, organización que atiende a los pacientes asegurados; también solicitan sus servicios pacientes provenientes de los hospitales de las Fuerzas Armadas y Policiales y también muchos pacientes particulares.

Y si a esto le adicionamos el diagnóstico imagenológico de los pacientes, ya no tenemos más información. ¿Qué podríamos hacer con estos datos? ¿Qué provecho le podemos sacar a esta información? Además, por supuesto, de hacer un listado de las patologías más frecuentes que se pueden diagnosticar mediante la resonancia magnética.

Qué tal, si hacemos una relación entre los diagnósticos que se pueden encontrar mediante este método y el origen de los pacientes. ¿Será que las patologías de los pacientes que provienen de estos cuatro ámbitos: Ministerio de Salud, Essalud, Fuerzas Armadas y Policiales y los pacientes particulares, son los mismos?

Al parecer, existe una discordancia entre los diagnósticos de los pacientes que provienen de estas cuatro agrupaciones. ¿Qué razón habría para encontrar diferencias en cuanto a los diagnósticos de los pacientes del Ministerio de Salud y los pacientes particulares? ¿Por qué tendríamos que encontrar diferencias entre los diagnósticos encontrados en los pacientes que provienen de Essalud, que corresponde Seguro Social, y las Fuerzas Armadas y Policiales? ¿Acaso es que se enferman de distintas patologías? O, ¿será que la necesidad de realizar un examen costoso como es la resonancia magnética tenga un diferente umbral para los médicos que lo indican en estas cuatro agrupaciones?

Ahora, Víctor tiene una motivación: segmentar a la población que atiende según el origen o la institución de donde proceden, para brindarles un servicio muy acorde a sus necesidades particulares.

Por otro lado, Norma, la estudiante de Odontología, se acaba de enterar que el problema de la falta de adherencia al tratamiento en las citas referidas a sus pacientes es un problema de todos sus compañeros y se ha empeñado en buscar las razones por las cuales los pacientes no regresan.

Consecuentemente, ha procedido a buscar información acerca de la falta de adherencia al tratamiento. Dentro de la literatura a la cual ha podido acceder se ha dado cuenta de que para cualquiera de las patologías, ya sean agudas o crónicas, la falta de adherencia al tratamiento es alrededor del 50%. Quiere decir que para cualquier condición, la mitad de los pacientes no regresen a su control, así que este problema de la falta de adherencia no le ocurre solamente a Norma, les ocurre a todos los profesionales.

Norma, además, se ha dado cuenta que evaluar la falta de adherencia a patologías como la diabetes es un tema bastante estudiado, sin embargo, nadie se ha dado la molestia de hacer este mismo trabajo de investigación en pacientes odontológicos.

En la mayoría de los procedimientos odontológicos, se requiere más de una intervención para completar el tratamiento. En promedio, se podría decir que se necesitan tres controles. Si el paciente no cumple con estos controles, lógicamente no se lograrán los beneficios de la terapéutica, no importa qué tan bueno sea el profesional haciendo diagnósticos, no importa cuán eficiente sea su estrategia terapéutica.

Si el paciente no es adherente, simplemente el tratamiento no funciona y si el paciente observa que su condición patológica no ha cambiado en nada, va a pensar que el profesionalismo de la persona que lo atendió está en duda: no va a confiar más en este profesional, va a pensar que no es eficiente y que no logra los objetivos terapéuticos deseados.

Por lo tanto, le va a perder confianza y esto va a generar un problema aún mayor, porque cuando los pacientes no le tienen confianza a su médico tratante, a su odontólogo, mucho menos van a ser adherentes. Es decir, que una de las condiciones que permiten la adherencia terapéutica es la confianza que le tienen al profesional que los está atendiendo.

Norma no desea que la vean como un mal profesional solo porque los pacientes no son adherentes al tratamiento. Así que, ahora, tiene una motivación: descubrir las razones reales por las que los pacientes no regresan a sus controles; y para ello, está dispuesta a iniciar una línea de investigación en la cual su tesis será únicamente el punto de partida.

Pregunta 3

¿Cómo identificar el problema?

Vamos a continuar con el desarrollo de nuestras tres historias y para esto quiero que te imagines dos líneas perpendiculares: la primera es una línea vertical; y la segunda, una línea horizontal.

La línea vertical corresponde a la línea de investigación, al problema que queremos estudiar, y en el punto donde encontremos la intersección de estas dos líneas imaginarias, encontraremos al tema del estudio. Veamos cómo identificar esta intersección en cada caso.

En la historia de nuestro amigo Marco, él tiene una necesidad particular, tiene una motivación: ayudar a las personas con sobrepeso y obesidad a reducir el índice de grasa que tienen y evitar el riesgo cardiovascular tan temido por estas personas.

Por lo tanto, el problema es el sobrepeso y la obesidad, y esto es equivalente a su línea de investigación. Él siempre va a estar preocupado porque el tema le resulta, particularmente, interesante, porque tiene experiencia en el manejo de estas condiciones, porque en los últimos años se ha dedicado a capacitarse en la forma de solucionar este problema.

Su línea de investigación es el sobrepeso y la obesidad, que es precisamente el problema que quiere resolver, sin embargo, en los últimos años ha venido utilizando la hidrolipoclasia ultrasónica, un método no invasivo; por tanto, no tiene los riesgos de un procedimiento quirúrgico. Si a esto le añadimos un régimen de dieta y ejercicios, el efecto que Marco nos indica es muy beneficioso para sus pacientes.

Pero el tema de la hidrolipoclasia ultrasónica no es su línea de investigación, sino más bien el sobrepeso y la obesidad. De hecho, si hubiera una forma más eficiente de reducir el sobrepeso y la obesidad en sus pacientes y que no fuese invasiva, Marco habría optado por esta segunda opción. Es posible que en el futuro se encuentre una forma distinta o, quizás, alguna variante de esta hidrolipoclasia ultrasónica, y con toda seguridad, Marco la adoptará para lograr un mejor beneficio sobre sus pacientes.

De manera que, el utilizar la hidrolipoclasia ultrasónica es únicamente un hecho coyuntural y, sin embargo, reducir los índices de grasa corporal en las personas tiene varias alternativas de solución. Imaginémonos la liposucción, pero este es un procedimiento quirúrgico y, por tanto, riesgoso al cual sus pacientes no están dispuestos a arriesgarse. Por esta razón, Marco no va a optar por esa opción. Su línea de investigación es el sobrepeso y la obesidad y su tema de investigación es el efecto de la hidrolipoclasia ultrasónica.

Mientras tanto, Norma sigue preocupada porque la falta de adherencia al tratamiento disminuye la eficacia y la efectividad de las actuaciones sanitarias y, de manera indirecta, la falta de adherencia al tratamiento hace que la condición de los pacientes no mejore o no cambie.

Ella ha identificado un problema; y este problema corresponde a su línea de investigación: la adherencia al tratamiento. Pero a ella no le interesa estudiar la adherencia al tratamiento para enfermedades como la diabetes o el cáncer; específicamente, le interesa estudiar la adherencia al tratamiento para los procedimientos odontológicos, una situación que no está estudiada completamente.

Los pacientes odontológicos necesitan en promedio tres controles para la mayoría de los tratamientos. A Norma le gustaría que el 100% de sus pacientes regresaran en estas tres ocasiones para los procedimientos odontológicos más comunes y la única forma de solucionar la falta de adherencia o, por lo menos, incrementar el número de ocasiones en las que los pacientes regresan a sus controles es identificando las causas, quiere decir que hay que partir de la identificación de lo que ocasiona la falta de adherencia, y modificando las variables que la ocasionen podremos aumentar la adherencia al tratamiento en los pacientes.

Luego de una revisión exhaustiva de la literatura, Norma se da cuenta de que aún no existe una forma de identificar estas causas, es decir, que si las personas o los pacientes odontológicos refieren que no han regresado a su control por falta de tiempo, este podría ser un argumento inventado por el paciente, que la verdadera causa subyace sobre esta respuesta que el paciente nos acaba de dar. Por esta razón, necesitamos una forma de identificar exactamente cuáles serían las razones por las que no regresan al control.

Por lo tanto, Norma se plantea construir un instrumento para identificar las causas de la falta de adherencia al tratamiento, es decir, que debe explorar las condiciones más básicas a partir de las respuestas que le brinden los pacientes que no han regresado.

Por ello, su tema de investigación será la construcción de este instrumento para explorar las respuestas que los pacientes brinden acerca de su falta de adherencia. Su línea de investigación es la falta de adherencia, el problema es la falta de adherencia; y su tema, las causas que subyacen, las causas reales, pero que tendrán que ser exploradas a partir de las respuestas que los pacientes brinden directamente.

También tenemos la historia de Víctor. Él es un profesional de la radiología y realiza con mucha frecuencia procedimientos de resonancia magnética para hacer diagnósticos imagenológicos. Aparentemente, él no tiene un problema, porque los diagnósticos que encuentra están relacionados con los problemas patológicos de sus pacientes que él no está tratando; quiere decir que las personas que acuden a realizarse este procedimiento tienen un médico tratante, que Víctor únicamente está haciendo el diagnóstico imagenológico; por lo tanto, la enfermedad de sus pacientes no es un problema para él, es un problema para los médicos tratantes.

Sin embargo, hay muchos estudios imagenológicos en los que no se puede evidenciar patología; no se puede encontrar una imagen clara de algún problema orgánico en los pacientes; esto podría poner en duda la capacidad diagnóstica del profesional imagenológico en el modo de manipular los instrumentos que se requieren para hacer una resonancia magnética y, claro, en cualquier procedimiento diagnóstico siempre va a haber un resultado negativo, un resultado en el que no se puede detectar la patología, en estos casos el médico tratante, el medico que indicó la resonancia magnética, podría poner en duda la capacidad diagnóstica de Víctor y de su procedimiento de resonancia magnética.

Por esa razón, Víctor debe adelantarse para detectar las diferencias en el diagnóstico de los pacientes que atiende y que provienen de cuatro grandes grupos. Por ejemplo, los pacientes que vienen del ámbito particular tienen médicos que quieren asegurarse del éxito no solamente del diagnóstico, sino también del tratamiento; por esta razón, podrían indicar un número excesivo de procedimientos de resonancia magnética incluso para los casos en los que están en duda, entonces, en este grupo va haber una gran proporción de casos negativos en los cuales no se encontró nada.

En cambio, en los pacientes que provienen de Essalud, que corresponde al Seguro Social, los médicos tratantes se limitan mucho en el uso de este recurso denominado resonancia magnética porque es un procedimiento costoso. Si el resultado de la resonancia fuese negativo, esto va a implicar una llamada de atención por parte de la administración porque está indicando procedimientos costosos sobre pacientes que no lo requieren.

De manera que los médicos de Essalud o el Seguro Social indicarán el procedimiento de la resonancia magnética casi para confirmar lo que es muy evidente que van a encontrar; por esta razón, el número de casos negativos será mucho menor que en los pacientes que provienen del grupo particular.

De tal modo que Víctor, ahora, sí tiene un problema que solucionar: la diferencia en los diagnósticos de los pacientes que provienen de estos cuatro grandes grupos; y que a partir de ahora, se convertirá en su línea de investigación.

Pregunta 4

¿Qué es la relevancia científica?

Como te has podido dar cuenta, el problema de la obesidad y el sobrepeso del cual se encuentra preocupado Marco no es un problema que le preocupa solamente a él, sino que hay un conjunto de investigadores, hay toda una comunidad de personas, de profesionales, de científicos que se han empeñado en solucionar este problema o, por lo menos, buscar la forma de evitar las consecuencias que esto trae.

Así, el problema del sobrepeso y la obesidad como línea de investigación no es única y exclusiva de Marco. Eso quiere decir que muchas personas pueden pertenecer a la misma línea de investigación y, por supuesto, deben contribuir al avance de esta.

Esto es muy claro, Marco no es la única persona que realiza el procedimiento de la hidrolipoclasia ultrasónica, de hecho, Marco ha encontrado algunos estudios muy similares a los que él pretende desarrollar, estos estudios a los que denominamos antecedentes investigativos le servirán para determinar el nivel de la investigación en el cual debe desarrollar su trabajo.

En el sentido de que Marco no está probando si la hidrolipoclasia ultrasónica es efectiva o no. No se trata de un experimento. Él no está experimentando con las personas a las que atiende todos los días. Él ya conoce que el efecto de este procedimiento es positivo, lo que quiere saber es cuán eficiente es el procedimiento y cómo incrementar la eficiencia del mismo.

Pero ¿cómo es que Marco se ha enterado de que el procedimiento de la hidrolipoclasia ultrasónica es un procedimiento que, realmente, tiene un efecto beneficioso? Pues, él ha acudido a la literatura que han publicado todas las personas, los profesionales y los científicos que comparten esta misma línea de investigación.

A partir de hoy, Marco se nutre de todas las publicaciones de los investigadores que comparten esta misma línea de investigación y, claro, él también debe aportar con sus resultados a la construcción de un conocimiento más sólido en el campo del tratamiento del sobrepeso y la obesidad mediante el procedimiento denominado hidrolipoclasia ultrasónica. Esto es la relevancia científica: la medida en que Marco podrá aportar a su línea de investigación para seguir avanzando y hacer más eficiente este procedimiento o, quizás, para modificarlo.

Es probable que Marco en su primer estudio no haga un aporte trascendental dentro de su línea de investigación; pero mientras más desarrolle este tema, mientras más trabajos haga relacionados a esta línea de investigación, se irá convirtiendo en un experto más trascendente dentro de su línea de investigación. Más adelante, es posible que, incluso, Marco brinde conferencias acerca de la eficacia de este tratamiento porque se ha convertido en una persona relevante.

Ahora recordemos a Víctor. Él acababa de descubrir un problema. Cuando Víctor hace un listado de los diagnósticos más frecuentes encontrados mediante la resonancia magnética, de acuerdo a los cuatro grupos que ha podido identificar: los pacientes que vienen del Ministerio de Salud; los pacientes que vienen de Essalud, que corresponden al Seguro Social; los pacientes que provienen de las Fuerzas Armadas y Policiales y los pacientes que provienen del ámbito particular; encontraba que un grupo tenía más casos negativos que otro, pero no estamos diciendo que las personas enfermen de distintas patologías según el origen, según de dónde provengan, sino que en algunos casos podría existir sobreindicación de esta prueba. Es decir, que se le pide a los pacientes que, incluso, no se les debería pedir y, por esta razón, hay mayor número de casos negativos.

Por otro lado, podría haber algún grupo de pacientes en los que haya una subindicación. Quiere decir que se les pide solamente a los pacientes en los que se requiere confirmar el diagnóstico para evitar hacer gastos innecesarios sobre un procedimiento costoso como la resonancia magnética y, por esta razón, el número de casos negativos en este grupo sería muy reducido.

Una sobre indicación del procedimiento de resonancia magnética podría beneficiar económicamente a Víctor, ya que él posee un Centro de

Diagnóstico por Imágenes. Sin embargo, en los casos en que resulta negativo, podría ser visto por los profesionales como poseedor de un método de diagnóstico cuestionable y ahí es donde realmente radica el problema.

Por esta razón, Víctor inicia una línea de investigación en el sentido de la sobreindicación en la solicitud de esta prueba; pero, al revisar la literatura, Víctor se da cuenta de que no está solo, de que ya existen estudios previos sobre el tema de la sobreindicación; de modo que tendrá que compartir su línea de investigación con un grupo de profesionales. El verdadero aporte que realice Víctor a su línea de investigación con los resultados de su estudio se denomina relevancia científica.

Víctor es un experto de la resonancia magnética, es un especialista del diagnóstico por imágenes; pero, ahora, se ha dado cuenta de que debe comenzar a investigar en el tema de la sobreindicación. Más adelante, Víctor podría plantear índices y algoritmos mediante los cuales se debe proceder a la indicación de un procedimiento como la resonancia magnética.

Siempre que haya analizado a profundidad el tema en ese punto, Víctor estará contribuyendo de manera efectiva en su línea de investigación y, por lo tanto, esta línea tiene relevancia científica. Mientras tanto, debe asegurarse de que los diagnósticos en los cuatro grupos que él ha podido identificar a nivel local no coincidan.

Pasamos a la historia de Norma. Ella estaba desarrollando un instrumento para detectar la falta de adherencia al tratamiento en los pacientes odontológicos. ¿Cómo podría Norma contribuir a la línea de investigación que acaba de descubrir? ¿Cómo es posible que una persona que acaba de ingresar a una línea de investigación pueda hacer contribuciones verdaderamente relevantes? ¿Será posible que Norma pueda solucionar el problema de la adherencia al tratamiento?

El problema de falta de adherencia ocurre en casi todos los tratamientos en los que se requiere control y continuación de las indicaciones terapéuticas del médico tratante; ocurre tanto para las enfermedades agudas como crónicas y es muy probable que el tema de la falta de adherencia al tratamiento nos acompañe por siempre. Es utópico pensar que el 100% de los pacientes van a ser adherentes.

Si el problema de la falta de adherencia o la línea de investigación que Norma ha elegido no tiene una solución definitiva, ¿cómo es que podrá colaborar y aportará a su línea de investigación? ¿Será que su estudio es relevante desde el punto de vista científico?

La falta de adherencia tiene muchos orígenes y en la medida de que Norma pueda identificar esos orígenes y modificar o anular las condiciones que provocan la falta de adherencia; entonces, estará haciendo una contribución importante y su trabajo de investigación será relevante desde el punto de vista científico.

Por ejemplo, una de las condiciones que Norma ha identificado es el costo del tratamiento; es más factible ser adherente a un tratamiento con menos costo que a uno que tiene mayor costo; también ha identificado que a algunos pacientes sus propios familiares los desalientan a continuar con la terapéutica, ¿será posible modificar esta variable? Y, claro, hay condiciones que sí pueden ser modificadas muy fácilmente, como el excesivo tiempo de espera que refieren algunos pacientes, por lo que deciden no regresar a continuar con su tratamiento.

Otros pacientes refieren que luego de los procedimientos realizados no han experimentado ninguna mejoría, y es que nadie les ha indicado que para evidenciar una mejoría significativa se requiere de más de una sesión del tratamiento que se le está aplicando, lo que falta en este caso es la información que se le debe brindar al paciente para lograr una mejor contribución a las indicaciones terapéuticas.

Algunas condiciones serán fácilmente modificables y otras no tanto. La relevancia científica consiste en identificar cuáles son las condiciones relacionadas a la falta de adherencia y, luego, discriminar entre aquellas que se pueden modificar y aquellas que no se pueden modificar.

¿Cuál es mi población de estudio?

Este es uno de los requisitos indispensables sin el cual no se puede realizar un trabajo de investigación. Para ello hay que saber diferenciarlo claramente de la población objetivo.

Si le preguntamos a Marco a quién quiere beneficiar con el procedimiento de la hidrolipoclasia ultrasónica, él nos responderá: a todos mis pacientes. Por lo tanto, todos sus pacientes son la población objetivo a los cuales quiere beneficiar con este procedimiento; pero, para efectos del desarrollo de la investigación, necesitaremos un conjunto de datos, necesitaremos información acerca de los pacientes que él haya tratado en el pasado, y que servirán de suministro para hacer nuestro análisis estadístico.

Ahora, le hacemos una segunda pregunta: ¿de cuántos pacientes de los que ha tratado en el pasado disponemos los datos completos para realizar nuestro análisis y evaluar la eficiencia de este procedimiento denominado hidrolipoclasia ultrasónica? La respuesta de Marco en este caso fue de cuatrocientos.

Entonces, son cuatrocientos registros, a los cuales podemos denominar historias clínicas, que ha coleccionado en los últimos años y que corresponden a los pacientes que han acudido a solicitar su servicios. Esta es la población de estudio, el conjunto de los individuos que son susceptibles de estudiar.

Para efectos de nuestro trabajo de investigación, vamos a ponernos en el caso de que Marco hubiese extraviado todos los registros o las historias clínicas de los pacientes atendidos en los últimos años. Marco sigue teniendo una población objetivo a los cuales desea beneficiar con este procedimiento. Lo que no tiene es una población de estudio. Si no tiene una población de estudio no podrá ejecutar su trabajo de investigación.

La población de estudio está constituida por todos los pacientes que ha atendido en el pasado, de los cuales guarda información, tiene registros o historias clínicas con información suficiente para construir el trabajo de investigación, pero no debe confundirse los términos de unidad de estudio y unidad de información, porque la población de estudio, que son los pacientes con registro, son el conjunto de las unidades de estudio.

Es muy probable que a muchos de estos pacientes ya no los vea en la actualidad porque ha logrado el objetivo deseado en su momento; por esta razón, la única forma de acceder a la información es a través de su registro o de sus historias clínicas.

Si bien, la unidad de estudio es el paciente con sobrepeso y obesidad; la unidad de información es la historia clínica, es el registro que Marco ha guardado de cada uno de estos pacientes. De modo que su población de estudio está representada por el conjunto de historias clínicas que dispone en este momento. Las historias clínicas no son las unidades de estudio, sino las unidades de información; pero que en su conjunto representan a la población de estudio.

Ahora pasamos al caso de Víctor y de los diagnósticos mediante la resonancia magnética. Dijimos que el criterio más importante para viabilizar un trabajo de investigación es la población de estudio, entonces, lo que Víctor necesita para completar los objetivos de su trabajo son, también, las historias clínicas o los registros de los pacientes que ha atendido.

Teniendo en cuenta que él no necesariamente tiene acceso a la historia clínica y que este documento se queda en la institución de la cual fue referido el paciente, porque de algún lado deben haber sido referidos, es decir, ninguna persona se levanta un día y dice: Hoy me voy a tomar una resonancia magnética.

En el caso en que Víctor no haya guardado adecuadamente los registros de los pacientes atendidos por este método diagnóstico denominado resonancia magnética, no podrá ejecutar su trabajo de investigación. Si suponemos que estos registros fueron realizados en documentos físicos y han sido extraviados, entonces, no se podrá completar el estudio. Si no tenemos población de estudio, no podemos realizar el trabajo de investigación

Sin embargo, casi siempre hay una diferencia entre la población de estudio y la población objetivo. ¿Cuál es la población objetivo en este caso? Si realmente hay una sobreindicación del procedimiento de la resonancia magnética, ¿quién es el que está cometiendo este error? Y en caso de que existiese tal error, ¿a quién deberíamos corregir? Pues, son los médicos que hacen las indicaciones del procedimiento de diagnóstico por imágenes, son los médicos los que indican el procedimiento de la resonancia magnética y que en algún caso no debieron indicarlo y, quizás, en otros tantos debieron hacerlo, pero no lo hicieron.

De manera que los resultados que encuentre Víctor en su trabajo, y que luego de ser publicados, servirán para corregir esta situación. Cuando los médicos que indicaron los procedimientos de la resonancia magnética se den cuenta de que en algunos casos están haciendo sobreindicación y en otros tantos subindicación, tendrán que corregir esta situación.

Ahora ubiquemos a las unidades de estudio y a las unidades de información. Como es lógico, el concepto más fácil de identificar es el de las unidades de información y son los resultados que se han encontrado en el examen de la resonancia magnética.

Si hay muchos resultados negativos, quiere decir que hay una sobreindicación. Si hay pocos resultados negativos, quiere decir que hay una subindicación. ¿Quiénes son los que realizan estas indicaciones? Pues, son los médicos tratantes. Por lo tanto, la población objetivo a quien hay que corregir, en caso de que haya la necesidad de hacerlo, es a los médicos que hacen las indicaciones de la resonancia magnética, y no son los pacientes. Como puedes ver, en este caso, los pacientes no son ni las unidades estudio ni las unidades observación.

Y ahora, veamos el caso de la falta de adherencia al tratamiento: el trabajo de investigación de Norma. La situación que se le presenta a Norma es totalmente distinta a los dos casos anteriores. Para que Norma pueda ejecutar las entrevistas que ha planeado necesita encontrar a los pacientes que no son adherentes al tratamiento, y ¿cómo va a ubicar a las personas que no han regresado al tratamiento?, si precisamente no han regresado ¿cómo es posible que se les vaya a entrevistar?

Lo que Norma necesita es encontrar a las personas que no han regresado por su tratamiento o por su control. Para esto, deberá ubicar en sus historias clínicas la dirección exacta de su domicilio e irlas a buscar para realizar una visita domiciliaria y hacer la entrevista que se requiere.

Para este caso, por lo tanto, la población de estudio de Norma son los pacientes que no regresaron al tratamiento, que no regresaron al control, pero ¿a quién quiere beneficiar Norma cuando encuentre los resultados de su trabajo? Finalmente, ¿sobre quienes va a repercutir el beneficio de todo este esfuerzo investigativo? Precisamente, sobre los pacientes que no regresan al tratamiento, porque aquellos pacientes que sí regresan cumplen su terapéutica y, por tanto, se ven beneficiados de la estrategia terapéutica planteada. Realmente, los afectados son los que no regresan, los que no vuelven.

De tal modo que cuando se logre identificar las causas de la falta de adherencia y se logre resolver en alguna medida la falta de adherencia al tratamiento, los pacientes que puedan ser identificados, ubicados y retornados al tratamiento serán los verdaderos beneficiados.

Entonces, la población objetivo también son los pacientes que no volvieron para su control. En este caso, coincide que la población objetivo es igual a la población de estudio, pero que, como hemos visto en los dos casos anteriores, son totalmente distintas. Me refiero a las poblaciones que estamos identificando.

Pero los pacientes no siempre escriben su dirección correcta en la historia clínica o no la comunican a la persona que se los pregunta; y otra condición que podemos encontrar es que no colaboren con la entrevista; por eso, Norma tiene una alternativa.

Ella se ha dado cuenta de que el problema de la falta de adherencia no es un problema que le afecta solamente a ella, sino a todos sus compañeros; por lo tanto, las causas de la falta de adherencia son también intuidas por todos sus colegas, de modo que ella podría utilizar como una estrategia preliminar preguntar a los otros profesionales, a sus colegas o compañeros, las causas de la falta de adherencia al tratamiento para la construcción de un instrumento preliminar.

En este caso, la población de estudio son sus compañeros. Y si no existiese este conjunto de colegas o compañeros, no podría ejecutar su estudio; su población objetivo seguirán siendo los pacientes que no regresan al tratamiento.

Pregunta 6

¿Qué es la relevancia social?

Hace ya algún tiempo, Mario Bunge nos había planteado dividir la investigación en dos grandes grupos: la investigación pura o básica y la investigación aplicada.

La investigación pura o básica busca incrementar el nivel de conocimientos sobre una determinada línea de investigación y, más adelante, desarrollamos la investigación aplicada como una continuación de la investigación pura. La investigación aplicada consiste en realizar intervenciones sobre la población, con la finalidad de lograr beneficio sobre ellos, de modo que no todos los trabajos de investigación logran un beneficio directo sobre la población objetivo.

Veamos ahora los casos que estamos analizando. En el trabajo de investigación desarrollado por Marco, él quiere lograr un beneficio sobre los pacientes que tienen sobrepeso y obesidad mediante un procedimiento denominado hidrolipoclasia ultrasónica.

El hecho de realizar procedimientos sobre pacientes hace que se logre un beneficio directo; por lo tanto, si Marco tiene éxito en sus intervenciones, sus pacientes se ven beneficiados directamente, y la relevancia social, en este caso, es directa porque beneficia directamente a su población objetivo, a las personas a las cuales él desea beneficiar con su propuesta terapéutica.

De este modo, los resultados que obtenga Marco no solamente contribuyen al conocimiento, no solamente tienen relevancia científica, sino que, además, se puede identificar un beneficio directo sobre la población objetivo que él ha podido definir. El hecho de realizar de manera constante y sostenida la actividad denominada hidrolipoclasia ultrasónica, a la cual, por supuesto, hay que agregar una rutina de dieta y ejercicios durante un período significativo de tiempo, permitirá lograr una reducción del peso y de los indicadores que se hayan elegido.

Esto beneficiará directamente a los pacientes y, por eso, se le denomina relevancia social. Es un beneficio directo sobre las personas porque la investigación de Marco está ubicada en el nivel de la investigación aplicada, es un procedimiento, una intervención, sobre la población para lograr un beneficio directo.

Marco no sólo está contribuyendo al conocimiento; por lo tanto, si utilizamos la división de la investigación como lo propone Mario Bunge, en investigación pura o básica e investigación aplicada, el trabajo de Marco ubica perfectamente en el campo de la investigación aplicada.

De hecho, el análisis que debe realizar Marco está enfocado dentro del control de calidad porque los resultados que él espera son probados, se conoce que se va a encontrar un efecto positivo sobre los pacientes sólo si cumplimos a cabalidad una serie de procedimientos, de reglamentos, de lineamientos, y si los pacientes siguen también la terapéutica complementaria como la dieta y ejercicios se debe lograr un objetivo cuantificable y esa es su relevancia social.

Ahora, veamos el caso de los diagnósticos mediante resonancia magnética que está realizando Víctor. Todo trabajo de investigación que ejecutamos y, por supuesto, acompañado por su línea de investigación debe repercutir ya sea de manera directa o indirecta sobre las personas, sobre aquellos que padecen una determinada enfermedad, por lo menos en el campo de la salud.

En otros campos nos permitiremos resolver problemas o situaciones que aquejan a individuos, y si la idea de hacer diagnósticos eficientes mediante la resonancia magnética es el tema de Víctor, entonces, lo que realmente quiere lograr es un beneficio sobre la población a la cual se le ha hecho la indicación de este examen diagnóstico.

Independientemente de la patología para la cual se haya indicado este examen imagenológico, podemos detectar distintos tipos de perturbaciones que pueden ser observados a través de este examen y, luego, conducir una estrategia terapéutica eficaz para solucionarlo. Pero Víctor no está haciendo el tratamiento, él no va a realizar ningún procedimiento quirúrgico sobre estos pacientes, únicamente está identificando la patología a través de un medio imagenológico; sin embargo, los resultados de su trabajo permitirán beneficiar a la población a la cual se le ha indicado este examen.

Por esta razón, la relevancia social que tiene el trabajo de Víctor es indirecta porque su trabajo no permite beneficiar directamente a los pacientes, sino más bien sirve como suministro, como insumo para la toma de decisiones que hagan sus médicos tratantes, y si tenemos en cuenta que estos médicos son profesionales eficientes y van a adoptar la mejor estrategia terapéutica, ahí sí se verán beneficiados los pacientes a los cuales se les indicó el examen imagenológico.

Por lo tanto, el trabajo de Víctor podríamos ubicarlo dentro de la investigación pura o básica, según la clasificación que nos planteó Mario Bunge porque los resultados del estudio servirán para incrementar el nivel de conocimientos en su línea de investigación, permitirán cubrir vacíos en el conocimiento, situaciones que hasta ahora no han sido evidenciadas por otros investigadores.

Por esta razón, decíamos que Víctor hacía una contribución importante a su línea de investigación y a esto se le denomina relevancia científica, pero esto no quiere decir que el estudio de Víctor no tenga relevancia social, sí la tiene, sólo que de manera indirecta. El beneficio no se produce en el caso de que Víctor encuentre un tumor en una determinada localización y tenga que proceder a extirpar quirúrgicamente este tumor, porque esa no es su labor, esa es la labor del cirujano o quizás del oncólogo, pero Víctor contribuye con un diagnostico eficaz para que el médico tratante pueda proceder según sea el caso.

Y cuál es la relevancia social para nuestro caso de la falta de adherencia al tratamiento en pacientes odontológicos, que es el trabajo que viene realizando Norma. Ella ha identificado a un grupo de pacientes que no regresan a consulta, que no regresan a sus controles. Para continuar con los procedimientos que se requieren y lograr un beneficio directo sobre los pacientes, Norma tendría que elegir entre dos situaciones para identificar las causas por las cuales los pacientes no regresan: la primera, y la más adecuada, es que realice una visita domiciliaria a partir de las direcciones que los pacientes han consignado en sus historias clínicas; la segunda es que haga una entrevista a sus colegas, quienes tienen también una amplia experiencia tratando personas que no regresan a sus controles y que no continúan el tratamiento.

En cualquiera de los dos casos, cuando Norma identifique las razones por las que no cumplieron su tratamiento, no regresaron a sus controles o faltaron a la adherencia, denominada terapéutica, no está logrando ningún beneficio sobre los pacientes. Construir una escala, un cuestionario o un inventario, en términos generales, un instrumento documental, no beneficia directamente a los pacientes; de modo que la relevancia social para el caso del estudio de la falta de adherencia al tratamiento es indirecta.

Norma ha enfocado su estudio en identificar las causas de la falta de adherencia al tratamiento mediante un instrumento documental, pero por el hecho de estar identificando las razones, incluso, reales por las cuales los pacientes no regresan, no está logrando un beneficio directo sobre ellos, es decir que, incluso, si ella realiza una visita domiciliaria para hacer la entrevista no está yendo a traerse los pacientes para que continúen su tratamiento. El ir a buscarlos personalmente no es con la intención de convencerlos para que regresen.

El objetivo de la visita domiciliaria es solamente uno: conocer las causas que provocan la falta de adherencia al tratamiento y, claro, Norma podría aprovechar para sugerir a los pacientes que retornen a su tratamiento, pero esto está totalmente fuera del contexto, no tiene absolutamente nada que ver con la investigación, porque aunque muchos de los pacientes que Norma visite realmente retornen a su tratamiento, este resultado no está sujeto a evaluación en el trabajo que estamos planteando.

Así, tratar directamente con los pacientes no asegura una relevancia social si es que realmente no logramos un beneficio directo con ellos, por lo tanto, la relevancia social para el caso de la falta de adherencia al tratamiento es también indirecta.

Pregunta 7

¿Interés personal o institucional?

Hay que partir del punto en que nadie ejecuta algo que realmente no le interesa. En este sentido vamos a diferenciar lo que es el interés personal del interés institucional y, para ello, utilizaremos los casos que veníamos comentando de los estudios que realizan tres personas.

Veamos el caso de Marco. Él está realizando un estudio sobre la eficiencia que tiene la hidrolipoclasia ultrasónica en pacientes con sobrepeso y obesidad. Marco es un profesional independiente y se ha capacitado mucho acerca del desarrollo de estos procedimientos, por tal motivo, es él quien desarrolla cada uno de los tratamientos directamente sobre los pacientes.

De tal modo que el interés de encontrar una eficiencia mayor sobre su propio grupo de estudio es una situación personal. Si él encuentra que más pacientes pueden experimentar un resultado significativo sobre su peso cuando reciben este tratamiento conjunto de hidrolipoclasia ultrasónica, más dieta, más ejercicios, entonces, permanecerán más tiempo durante la terapia y no abandonarán el plan terapéutico a medio camino.

De hecho, no todos los pacientes que Marco atiende llegan a los tres meses de tratamiento que él sugiere, entonces, mientras más evidentes sean los resultados que logre con sus pacientes, más personas querrán ser atendidas en su centro, pero no solamente eso sino que una mayor proporción de los pacientes que ingresan a la terapéutica permanecerán también durante más tiempo. Así, no solamente habrá más clientes sino también habrá un mayor promedio de permanencia durante el tratamiento, y esto redundará necesariamente en más ingresos para la actividad profesional que Marco desarrolla.

Esta es la razón por la que Marco nunca estuvo interesado en ejecutar un trabajo de investigación en un hospital, mucho menos en un centro de salud, es decir, no le interesan los pacientes traumatológicos ni tampoco los pacientes asmáticos. Sí le interesan los pacientes con sobrepeso y obesidad que solicitan sus servicios porque redunda directamente sobre su beneficio personal; y de ahí es que nace el interés personal de escoger esta línea de investigación.

No hay una diferencia entre el trabajo investigativo y el trabajo profesional. Esto quiere decir que mientras hacemos empresa podemos hacer también investigación científica. Algunas personas piensan que hacer ciencia es un mero acto de desprendimiento y de contribución sin recibir nada a cambio.

Lo cierto y lo correcto es que no hay un punto de diferenciación entre la actividad empresarial y la actividad científica. Así, a lo que siempre debemos aspirar y lo mejor que podría ocurrir es que los resultados de nuestro trabajo de investigación nos beneficien, también, directamente a nosotros, por supuesto, sin perder el enfoque de la población objetivo, porque el interés de brindar un apoyo a nuestra población objetivo debe ser genuino.

Ahora, veamos el caso de Víctor, quien realiza procedimientos de resonancia magnética. Él también es un profesional y emprendedor al mismo tiempo. Es decir, Víctor cuenta con un equipo para realizar resonancia magnética; y esto no es algo que se pueda adquirir con el sueldo que se gana trabajando para el Ministerio de Salud.

Si a esto le sumamos que también hay que tener equipos para realizar tomografías, ecografías, entre otros, una de las preocupaciones naturales de Víctor es el retorno de la inversión de las actividades profesionales que realiza.

Por esta razón, Víctor cuenta con un equipo de médicos especialistas en el diagnóstico por imágenes, en realidad, las actividades que más realiza últimamente Víctor son actividades administrativas, aunque él es un experto en el diagnóstico por imágenes prefiere enfocarse en el desarrollo de las alianzas estratégicas de su institución con otras entidades del sector salud. Esa es la razón por la que ha venido postergando en los últimos tiempos el desarrollo de su trabajo de investigación para presentarlo como una tesis.

En este punto hay que plantear de manera más amplia el tema de la línea de investigación, porque si bien un profesional tiene una línea de investigación y varios profesionales pueden compartir una misma línea de investigación, también existen las líneas de investigación institucionales, quiere decir que el administrador, el gerente, el jefe de departamento, el decano, el director del centro de investigación, en fin, cualquier persona que esté a cargo de un grupo de profesionales puede definir líneas de investigación que beneficien directamente a su equipo de trabajo, a su organización y a su institución.

De este modo, Víctor puede definir líneas de investigación institucionales que beneficien directamente a su servicio de resonancia magnética y, hablando de instituciones, estas líneas de investigación deben estar reflejadas en la misión de la institución. Ahora, si Víctor no logra que su Centro de Diagnóstico por Imágenes sea rentable, está condenado a desaparecer en los próximos años, de modo que el interés que tendrá en este caso Víctor no es personal sino institucional.

Las líneas de investigación institucionales benefician a la institución, al conjunto, al grupo, al equipo, y si bien los miembros de su equipo, que también son profesionales, tienen su propia línea de investigación particular, deben alinear sus líneas de investigación con las líneas de investigación institucionales porque se trata de un equipo. Así, el interés de su trabajo de investigación es institucional.

Recordemos la historia de Norma, que estaba estudiando las causas de la falta de adherencia al tratamiento en pacientes odontológicos. Norma está trabajando temporalmente para un centro odontológico local y, al parecer, a los administradores de este centro odontológico, la falta de adherencia al tratamiento es uno de los temas que menos les preocupa; por esta razón, Norma ha sentido que no tiene el apoyo que ella querría de la institución para la cual trabaja.

Así, se trata de una línea de investigación de interés únicamente para Norma y no para la institución. El interés en este caso es personal y no institucional. La línea de investigación que ha escogido Norma no se encuentra dentro de los lineamientos y las políticas investigativas de la institución, no hay una concordancia clara entre la conveniencia del investigador y la conveniencia de la institución. ¿Qué hacer frente a esta situación? ¿Es posible desarrollar un trabajo de investigación cuyo beneficio es únicamente personal pero no está acorde a las políticas de la institución?

En este caso, a Norma le quedan únicamente dos salidas: la primera es convencer a la administración de la institución que su línea de investigación es importante, es pertinente, y debiera ser incluida dentro de las líneas de investigación institucional, esto en el caso de que necesite apoyo por parte de las autoridades administrativas de su institución; la segunda opción que le queda Norma es realizar este trabajo en otra institución donde sí se tenga en cuenta su línea de investigación, donde sí haya concordancia entre las líneas de investigación institucionales con su propia línea.

Hay que recordar que Norma está realizando un trabajo de investigación tipo tesis, es decir, para lograr su graduación. Si el trabajo de investigación hubiese sido indicado por la institución, Norma necesariamente tendría que alinearse con las políticas investigativas de la organización, pero, en este caso, la iniciativa de realizar un trabajo de investigación parte de Norma y no de la institución.

Ella no necesariamente debe concordar su línea investigativa con las líneas de investigación de la institución y sus políticas de investigación porque ella no va a dar cuenta de los resultados que encuentre en su trabajo a la institución para la cual labora.

Por supuesto, Norma tendrá que cuidar las normas éticas que se deben considerar en todo trabajo de investigación y no perturbar la acción profesional que ahí se desarrolla, además, tendrá que solicitar un permiso y no contravenir el reglamento de la institución.

Pregunta 8

¿Es factible realizar el estudio?

Para hacer un análisis de la factibilidad debemos tener en cuenta dos condiciones básicas: la primera es la población de estudio y la segunda es el instrumento de medición. Anteriormente, habíamos visto que la población de estudio era el conjunto de unidades de información, porque si no tenemos información, entonces, no podemos ejecutar ningún tipo de análisis.

Después de habernos asegurado de que contamos con este conjunto de unidades de información, es decir, tenemos una población de estudio, el segundo requerimiento es el instrumento. El resto de las necesidades son subsanables. Entonces, hay que identificar en primer lugar si para nuestro trabajo se necesita o no de un instrumento.

Veamos, tenemos el caso de Marco, quien realiza un estudio sobre la hidrolipoclasia ultrasónica y su efecto sobre el sobrepeso y la obesidad de los pacientes. El instrumento de medición sirve precisamente para eso, para medir, y ¿qué es lo que vamos a medir? Vamos a medir los indicadores de la variable que necesitamos evaluar, si queremos evaluar el sobrepeso y la obesidad y cómo este se afecta luego del tratamiento mediante la hidrolipoclasia ultrasónica, más dieta, más ejercicios, necesitamos ubicar un indicador que sea totalmente práctico y objetivo para conocer los resultados de nuestra intervención.

Es en este punto en el que tendremos que definir cuáles son esos indicadores. Marco, quien ha sido riguroso siempre con la información de sus pacientes, ha recolectado algunos datos como el peso, la talla, el perímetro de la cintura y el perímetro de la cadera, de modo que vamos a utilizar dos indicadores: el índice de masa corporal, la relación entre el peso y la talla al cuadrado, y también utilizaremos el índice cintura-cadera, que consiste en dividir el perímetro de la cintura entre el perímetro de la cadena.

Analicemos, ahora, cuáles son los requerimientos para lograr estas mediciones. Para medir el peso necesitamos algo tan simple como una balanza y para evaluar la talla necesitamos, también, algo muy simple como el tallímetro. Ya con estos dos datos podemos obtener el valor del índice de masa corporal, luego, para hallar el valor del índice cintura-cadera necesitamos el valor del perímetro de la cintura y, también, el perímetro de la cadera; ambas evaluaciones se pueden realizar con una cinta métrica, de modo que los instrumentos que se requieren para lograr las mediciones en el trabajo de investigación de Marco son una balanza, un tallímetro y una cinta métrica.

Estos son los instrumentos de medición y son instrumentos nada complicados de conseguir; por lo tanto, si tenemos una población de estudio más los instrumentos de medición, el estudio es factible de realizarse. Ahora, que se necesiten algunos requerimientos adicionales es cierto, pero son totalmente subsanables.

Pasemos a analizar el estudio de Víctor. Su investigación pretende encontrar diferencias entre los diagnósticos obtenidos por resonancia magnética en cuatro grupos de pacientes. En este caso también habíamos ubicado a la población de estudio. Veamos si Víctor cuenta con un instrumento de medición.

Recordando que los instrumentos de medición miden, aunque suene redundante, si llegamos al diagnóstico, mediante resonancia magnética, que un paciente tiene un tumor cerebral ¿quién es el que ha identificado este tumor? ¿Es el resonador? o tal vez es Víctor, que es un profesional del diagnóstico por imágenes, pues el resonador no es más que un medio de observación. De hecho si el tumor cerebral es muy evidente se pudo haber hallado mediante una tomografía y quizás hasta en algún caso con una radiografía.

De acuerdo con este razonamiento, llegamos a la conclusión de que el resonador no es el instrumento, tampoco es el tomógrafo, si este hubiese sido el medio de observación que habríamos utilizado. El instrumento, en este caso, es Víctor, el profesional, porque es él quien llega al diagnóstico definitivo, es él quien hace la conclusión final de que el paciente tiene un tumor cerebral.

Hagamos una comparación con el caso de Marco. ¿Será posible que una persona distinta a Marco, supongamos uno de sus colaboradores, pueda evaluar el peso, la talla, el perímetro abdominal y el perímetro de la cintura en los pacientes? La respuesta es sí. Cualquiera de sus colaboradores podría hacerlo con un mínimo de capacitación.

Trasladamos esta misma pregunta al caso de Víctor, que hace los diagnósticos imagenológicos. Si Víctor le muestra a uno de sus colaboradores un diagnóstico o una imagen encontrada por un resonador, pero este colaborador no tiene capacitación alguna en temas médicos, jamás podrá llegar a la misma conclusión a la cual ha llegado Víctor.

Teniendo en cuenta que las imágenes son subjetivas y que, en algunos casos, habrá que plantear diagnósticos diferenciales. Esto no ocurre cuando las variables son objetivas como el peso, la talla, el perímetro de la cintura y el perímetro de la cadena. Para llegar a una conclusión válida, en el caso del diagnóstico por imágenes, se requiere de un profesional de la imagenología, de modo que quien hace el diagnóstico es quien hace la medición.

Por tal motivo, el instrumento de medición es el profesional, es el especialista, pero Víctor no solamente es un especialista en el diagnóstico por imágenes, sino que además cuenta con un grupo de profesionales en su equipo que también tienen esta capacidad. Por lo tanto, esta investigación sí tiene factibilidad porque cuenta con una población de estudio y con los instrumentos de medición.

El caso de Norma y su estudio acerca de las causas de la falta de adherencia al tratamiento en pacientes odontológicos es totalmente distinto, porque, hasta ahora, ella no ha podido identificar con certeza cuáles son las causas reales del problema.

Si bien los pacientes que no regresan a su control, es decir, los que no son adherentes al tratamiento, le pueden manifestar argumentos como falta de tiempo para regresar a su control, motivos de viaje o molestias después del tratamiento, que según los usuarios que no han regresado a su control son las razones por las cuales, precisamente, no han vuelto. Estas no necesariamente son las causas directas de la falta de adherencia al tratamiento, más bien, podrían en muchos casos considerarse como pretextos.

Por esta razón, Norma había planeado la construcción de un instrumento que pueda identificar las causas reales de la falta de adherencia al tratamiento. Su estudio se enfoca dentro del diseño de la creación y la validación de instrumentos. Si ella querría relacionar la falta de adherencia con una variable externa, supongamos la depresión, necesitaría un instrumento para evaluar la depresión y un instrumento para evaluar la falta de adherencia al tratamiento; y es precisamente lo que no tiene: un estamento para evaluar la falta de adherencia al tratamiento.

En ese caso, el estudio no se podría ejecutar, no sería factible porque lo que estaría faltando sería, precisamente, el instrumento. Por esta razón, Norma decidió enfocar su esfuerzo en la creación de un instrumento que permitiera medir una variable que a ella le interesa estudiar, de modo que en este caso en particular no es necesario contar con el instrumento de medición porque el estudio se enfoca en la creación del instrumento y esta es la actitud que hay que tomar cuando no contamos con un instrumento de medición.

No debemos pretender relacionar dos variables cuando no tenemos los dos instrumentos de medición, incluso, si solamente faltara uno de ellos el estudio ya no es factible. Por supuesto, si el estudio carece de los dos instrumentos de medición estaríamos en el caso más extremo.

La actitud correcta es que cuando queremos evaluar una determinada variable y no tenemos el instrumento de medición, lo que debemos hacer es plantearnos crear el instrumento que necesitamos para continuar con nuestra línea de investigación, porque es muy posible que más adelante dentro de la misma línea lo vayamos a requerir una y otra vez. El estudio es factible y el resto de los requerimientos serán completamente subsanables si es que no se encuentran a primera vista.

Pregunta 9

¿Cuál es el diseño de mi estudio?

Recuerda que hay tantos diseños como ideas de investigación. Por cada idea hay un diseño. Por lo tanto, los tres ejemplos que venimos desarrollando tienen diseños completamente distintos.

Veamos el caso de Marco y su estudio sobre la eficiencia de la hidrolipoclasia ultrasónica sobre el índice de masa corporal y el índice cintura-cadera, él nos ha referido que en los últimos años ha coleccionado unos cuatrocientos registros o historias clínicas de los pacientes que ha atendido, pero que a partir de esta información se ha podido seleccionar únicamente noventa y nueve casos que cumplen las doce semanas de tratamiento o de seguimiento con la información completa, de modo que son éstos los casos que van a ingresar al estudio.

¿Qué más se requiere para lograr el objetivo que nos hemos propuesto en este caso? Necesitamos tener la certeza de los valores del peso, la talla, el perímetro de la cintura, el perímetro de la cadera, para todos los casos que van a ingresar al estudio, para los noventa y nueve, necesitamos una medida inicial en un momento cero o tiempo cero y, luego, necesitamos una evaluación cada quince días, que son los momentos en los que los pacientes regresan para aplicar un nuevo tratamiento. Por supuesto, que durante todo este periodo los pacientes han estado con un programa de dieta y ejercicios.

Necesitamos los valores de estas mediciones cada quince días o cada dos semanas por un periodo de tres meses, equivalente a doce semanas. A partir de esta información, vamos a hacer los cálculos del índice de masa corporal y el índice cintura-cadera para cada uno de estos tiempos, separados en dos semanas.

Entonces, se trata de un estudio de seguimiento, es un estudio de medidas repetidas, se trata de un estudio longitudinal, y dentro del análisis estadístico que realizaremos vamos a hacer comparaciones entre cada par de medidas, es decir, entre la medida cero, la medida inicial; y la medida uno, que es la medida dos semanas después. Y lo mismo haremos con la medida uno y la medida dos, por supuesto, que también haremos un análisis global.

La comparación de la medida en un mismo grupo es posible realizarla mediante un solo procedimiento estadístico. Si las diferencias para la comparación global son estadísticamente significativas, entonces, diremos que hemos logrado el éxito en la reducción del índice de masa corporal y el índice cintura-cadera en los pacientes a quienes se les ha aplicado la hidrolipoclasia ultrasónica.

Pero no solamente eso, sino que a través de las comparaciones entre cada par de medidas, por ejemplo, medida cero y medida uno; luego, medida uno y medida dos; más adelante, medida dos y medida tres, identificaremos en qué momento se produce una diferencia significativa respecto de la medida inicial. Adicionalmente vamos a evaluar cuál fue la fracción de reducción entre la medida cero, la medida inicial, y la medida seis, la medida final, después de doce semanas; y ese será el efecto o la eficiencia en la reducción de estos dos índices mediante la hidrolipoclasia ultrasónica.

Ahora, realicemos un análisis del diseño del estudio de Víctor y los diagnósticos mediante la resonancia magnética.

El dato que vamos a tener necesariamente es el diagnóstico con el que terminan los pacientes, el diagnóstico o resultado del examen imagenológico; otros datos que nunca pueden faltar son los datos de edad y sexo, pero el dato más importante, el que realmente contribuye al análisis que vamos a ejecutar, es el sistema de salud del cual provienen los pacientes, y dijimos que éstos eran cuatro: el primero es el Ministerio de Salud, el segundo es el denominado Essalud o Seguro Social, el tercero son las Fuerzas Armadas y Policiales y el cuarto grupo son los pacientes particulares, que provienen de centros particulares, porque todos necesitan una indicación del examen, no hay paciente que vaya sin indicación a realizarse una prueba o un examen de resonancia magnética.

Vamos a construir cuatro grupos y una tabla de frecuencias para cada grupo, en el que anotaremos los diagnósticos de la mayor frecuencia a la menor frecuencia, por supuesto, que no vamos a trabajar con todos porque los diagnósticos podrían ser literalmente innumerables. Así, vamos escoger realmente aquellos que cubran el 80% de los diagnósticos.

Aplicando el principio de Pareto, analizaremos únicamente los diagnósticos que por su frecuencia de mayor a menor sumen el 80%. Supongamos que estos diagnósticos son diez, es decir, los diez más frecuentes, entonces, haremos un listado de los diagnósticos más frecuentes para los pacientes que provienen de estos cuatro grandes grupos.

Vamos a suponer que uno de los diagnósticos más frecuentes encontrados por este método de la resonancia magnética es el microadenoma en la silla turca del hueso esfenoides y, además, supondremos que la frecuencia con la que se observa este problema es el 10% de todos los exámenes de resonancia magnética realizados en la cabeza.

Si es el 10% de los diagnósticos encontrados en los pacientes que provienen del Ministerio de Salud, también debiera ser el 10% en los pacientes que provienen de Essalud y, claro, también debería ser el 10% para los pacientes que provienen de las Fuerzas Armadas y Policiales y, por supuesto, también debiera ser el 10% en los casos de los pacientes que provienen del campo particular.

Hacemos una comparación de proporciones. Si existen diferencias significativas, porque diferencias numéricas siempre van a existir, lo que a nosotros nos interesan son las diferencias significativas, entonces, diremos que las indicaciones o los criterios mediante los cuales se ha indicado este examen imagenológico a nivel de la cabeza es distinto para los médicos que atienden en cada uno de estos cuatro grandes grupos.

Y en base a ello, analizaremos la sobreindicación o la subindicación de este método diagnóstico.

Luego, tenemos la historia de Norma, quien pretende crear un instrumento para identificar las causas de la falta de adherencia al tratamiento en pacientes odontológicos. Lo que ella necesita hacer es una entrevista abierta a los pacientes que no retornaron a su control, a los que no fueron adherentes al tratamiento, a los que no siguieran la terapéutica, y para ello, puede realizar una visita domiciliaria. El único requerimiento, en este caso, es que Norma sepa conducir una entrevista abierta.

Una entrevista abierta consiste en hacer solamente una pregunta. El investigador debe evitar repreguntar sobre temas específicos, a lo único que debe dedicarse es a no permitir que el entrevistado se salga del tema que es motivo de la investigación.

La idea es que las personas que no son adherentes emitan todas las ideas posibles, que enuncien todos los argumentos que deseen o las razones que según ellos fueron las causas por las cuales no regresaron a su control. En este momento, no es necesario asegurarse de si estas razones son las causas reales, lo único que tenemos que hacer es indagar acerca de todas las posibles razones que hayan podido ocasionar la falta de adherencia al tratamiento.

Para esto, haremos un listado de todas estas posibles causas, no importa que se repitan. Vamos a coleccionar cien, aproximadamente, para proceder a crear las dimensiones a partir de estas respuestas que nos dan las personas y, claro, los procedimientos que siguen a continuación pertenecen al proceso de la creación y la validación de instrumentos, un proceso conocido.

Hasta aquí, lo importante es que hayamos definido que el estudio se enmarca dentro del diseño de la creación y la validación de instrumentos y, como en un principio aún no tenemos ningún instrumento, la primera fase o fase preliminar consiste en la creación del instrumento, que corresponde a la validez de contenido.

Uno de los componentes que estamos utilizando para la validez de contenido es la aproximación a la población, que tendremos que corroborarlo con la revisión de la literatura y más adelante con el juicio de expertos.

Pregunta 10

¿Qué son las técnicas y estrategias?

Luego de haber definido el diseño del estudio tenemos que identificar cuáles son los procedimientos invariables de nuestro trabajo, que corresponden a las técnicas; y los procedimientos variables, que corresponden a las estrategias.

Enfoquémonos en los casos que hemos venido revisando. Tenemos, primero, el caso de Marco con su estudio de la efectividad o eficiencia de la hidrolipoclasia ultrasónica sobre el índice de masa corporal y el índice cintura-cadera en pacientes con sobrepeso y obesidad. Para generar las técnicas y las estrategias nunca debemos perder de enfoque el propósito de la investigación; en este caso, el propósito del estudio es el efecto.

La pregunta es cuán efectiva es esta técnica para reducir los índices de masa corporal y cintura-cadera en los pacientes con sobrepeso y obesidad, mientras no perdamos este norte podemos cambiar cualquier estrategia que se nos presente en el camino.

Por supuesto, vamos a necesitar hacer mediciones del peso, la talla, el perímetro de la cintura y el perímetro de la cadera, a esto se le denomina técnica. Y, en este caso, la técnica de recolección de datos es la observación mediante instrumentos mecánicos. ¿Cuáles son los instrumentos que vamos a utilizar? Una balanza ¿Qué tipo de balanza es la que vamos a usar? Ahí es donde viene la estrategia ¿Cómo vamos a aplicar esta balanza para conocer el peso de las personas? ¿Será que las vamos a pesar con ropa y les vamos a restar, luego, un valor promedio de la ropa? O, ¿tal vez, vamos a pesar desnudas a las personas?

Eso es la estrategia y puede variar dependiendo de la comodidad de los pacientes. Imagina que los pacientes no querrían ser evaluados completamente desnudos, y esto es lógico, estaríamos invadiendo de alguna forma su privacidad, pero el hecho de que no podamos pesarlos completamente desnudos no significa que debamos descartar nuestra idea de investigación.

Es ahí donde entra el concepto de la estrategia y podemos variar nuestra técnica de recolección de datos sin cambiar necesariamente el procedimiento de la medición, entonces, el peso puede ser con ropa y luego le restamos un valor medio de la ropa con la cual las hemos pesado.

Y, por supuesto, ya que vamos evaluar el peso de estas personas cada quince días podemos pedirles que regresen con la misma ropa siempre para tener una idea exacta de la reducción del peso o del índice de masa corporal que están experimentando a lo largo de todo este tratamiento. Las estrategias también apuntan al control del sesgo de medición.

No es lo mismo pesar a una persona antes del almuerzo que después del almuerzo. Así, a efectos de tener una evaluación más exacta les vamos a pedir a los pacientes que acudan en las primeras horas de la mañana en ayunas para poder tener una medición lo más certera posible; pero esta estrategia, a diferencia de la estrategia en la que debemos pesar a las personas con ropa, no es limitante.

Recuerda, si las personas no desean pesarse desnudas, entonces, no podríamos hacer el trabajo de investigación, en ese caso necesariamente tendríamos que aplicar la estrategia de evaluarlas con ropa. En cambio, si les pedimos a las personas que acudan a las primeras horas de la mañana y en ayunas y ellas no cumplen, no necesariamente significa que debamos descartar sus mediciones, sino que habremos de tener en cuenta que hay algún sesgo en su medición.

Pasemos, ahora, a analizar las técnicas y estrategias del estudio de Víctor en el que se realizan los estudios de resonancia magnética. La técnica se refiere a la técnica de recolección de datos. ¿Cómo es posible enterarnos del diagnóstico de un paciente? Pues, a través de su estudio imagenológico.

Esta técnica de recolección de datos se le denomina observación, hay que recordar que las observaciones no necesariamente son directas, como cuando miramos directamente al paciente, una observación puede ser a través de un microscopio, a través de un colposcopio, a través de rayos X, a través del tomógrafo o a través de la resonancia, que utilicemos un aparato de observación no hace que cambie la técnica, la técnica sigue siendo la de la observación, aunque podríamos complementar el nombre de la técnica de recolección de datos como observación mediante resonancia magnética.

Ahora, cuáles son las estrategias que pueden variar para realizar estas mediciones. Realmente, no hay muchas opciones, porque este examen de la resonancia magnética no se puede hacer ambulatoriamente, en el sentido de que no se puede trasladar todo este equipo hacia el lugar donde se encuentra el paciente, sino que el paciente tendrá que acudir a las instalaciones del Centro de Diagnóstico por Imágenes. Hasta ahí el punto es invariable.

¿Cuáles son las estrategias que pueden cambiar? En este caso, tenemos dos opciones: uno, que el estudio sea retrospectivo, o dos, que el estudio sea prospectivo.

Si el estudio fuese prospectivo, entonces, las mediciones serían planeadas. Una de las ventajas de realizar mediciones planeadas es que se puede controlar el sesgo de medición, quiere decir que cuando un investigador planea utilizar sus datos para realizar investigaciones tiene mucho cuidado a la hora de realizar las mediciones.

Es él mismo que las ejecuta para asegurarse de que no haya sesgos en la medición, pero en el caso de Víctor y su estudio acerca de los diagnósticos imagenológicos, fue él mismo quien dio lectura a los resultados encontrados por la resonancia magnética.

De modo que ya sea que él planeara realizar estas mediciones o que tomara los datos de los registros de los pacientes que ya atendió en el pasado, significan prácticamente lo mismo, porque con el profesionalismo que lo caracteriza, la información registrada de los pacientes que han sido atendidos en los últimos años tienen la misma rigurosidad que tendrían las mediciones en el caso de que él se planteara hacer un estudio prospectivo, donde los datos de los pacientes que recién van a acudir a su institución serían los que conformarán la población de estudio.

Así, en este caso la información prospectiva o datos primarios tienen la misma fidelidad que los datos secundarios o datos retrospectivos; por eso, la estrategia más adecuada sería un estudio retrospectivo.

Ahora, pasamos a la historia de Norma y su estudio de las causas de la falta de adherencia al tratamiento en pacientes odontológicos. Ella necesita hacer una entrevista a los pacientes. Recuerda que hay una diferencia entre lo que es una entrevista y una encuesta.

La encuesta se realiza cuando ya existe el instrumento; en la entrevista no existe el instrumento porque el instrumento es el evaluador, es el entrevistador. Entonces, ella podría hacer una visita domiciliaria para ejecutar la entrevista, pero habrás visto, en otras ocasiones, que se pueden hacer, también, entrevistas telefónicas.

Esto corresponde ya a la estrategia, porque ya sea que hagas una visita domiciliaria para ejecutar una entrevista presencial o ejecutes la entrevista a través del teléfono, la técnica de recolección de datos sigue siendo la misma, se sigue llamando entrevista, entonces, que lo hagas en forma presencial o a través del teléfono corresponde únicamente a la estrategia y no se trata de dos técnicas de recolección de datos distintas. Por supuesto, una siempre tendrá más sesgo que la otra.

De hecho, si tú haces una entrevista a través del teléfono, entonces, es muy probable que sean menos las personas que deseen colaborar con tu entrevista. Por otro lado, no todas las personas a las cuales tú deseas entrevistar tienen número telefónico, así que para el caso particular de Norma, realizar una entrevista telefónica sería totalmente contraproducente, el sesgo que se produce en los resultados sería muy grande.

Sin embargo, hay que considerar siempre esta posibilidad, recuerda que las compañías de teléfono hacen sus entrevistas a través de su mismo medio. Imagina que realizaran entrevistas presenciales, esto implicaría un costo demasiado grande y que, si bien, hacer entrevistas a través del teléfono implica una gran cantidad de sesgo, en ocasiones hay que estar dispuestos a sacrificar la exactitud de las mediciones por la comodidad y el logro de los objetivos de la investigación.

Lo que no debemos sacrificar en ningún caso es el propósito de la investigación; y el propósito del estudio de Norma implica encontrar las causas por las cuales los pacientes no regresan al tratamiento, y que si hiciera una entrevista telefónica este propósito no se sacrifica, encontraríamos resultados sesgados, pero el fin último del trabajo de investigación sigue siendo el mismo.

El propósito de Marco era evaluar la eficiencia de su método denominado hidrolipoclasia ultrasónica; el propósito de Víctor, evaluar la sobreindicación de la resonancia magnética; y el propósito de Norma, identificar las causas de la falta de adherencia al tratamiento.

ACERCA DEL AUTOR

El Dr. José Supo es Médico Bioestadístico, Doctor en Salud Pública, director de www.bioestadístico.com y autor del libro "Seminarios de Investigación Científica".

Programas de entrenamiento desarrollados por el autor:

1. Análisis de Datos Aplicado a la Investigación Científica
2. Seminarios de Investigación Para la Producción Científica
3. Validación de Instrumentos de Medición Documentales
4. Técnicas de Muestreo Probabilístico en Investigación
5. Proyecto de Investigación - Diseño de casos y controles
6. Análisis Multivariado - Diseños Experimentales
7. Análisis de Datos Categóricos y Regresiones Logísticas
8. Técnicas de análisis Predictivos y Modelos de Regresión
9. Control de Calidad: Análisis del Proceso, Resultado e Impacto
10. Minería de Datos para la Investigación Científica.
11. Entrenamiento para Tutores, Jurados y Asesores de tesis
12. Herramientas para la Redacción y Publicación Científica

MÁS SOBRE EL AUTOR

El Dr. José Supo es conferencista en métodos de investigación científica, entrenador en análisis de datos aplicado a la investigación científica y desarrolla talleres sobre los siguientes:

Libros y audiolibros publicados por el autor:

1. Cómo se hace una tesis

2. Cómo ser un tutor de tesis

3. Cómo asesorar una tesis

4. Cómo evaluar una tesis

5. El propósito de la investigación

6. Las variables analíticas

7. Cómo elegir una muestra

8. Cómo validar un instrumento

9. Cómo probar una hipótesis

10. Cómo se elige una prueba estadística

11. Validación de pruebas diagnósticas

12. Técnicas de recolección de datos

¿Quieres saber más?

www.seminariosdeinvestigacion.com

www.ingramcontent.com/pod-product-compliance
Lightning Source LLC
Chambersburg PA
CBHW021414170526
45164CB00002B/648